筑境

中国精致建筑100

台基

侯幼彬 撰文/张振光 等 摄影

中国建筑工业出版社

出版说明

中国是一个地大物博、历史悠久的文明古国。自历史的脚步迈入新世纪大门以来，她越来越成为世人瞩目的焦点，正不断向世人绽放她历史上曾具有的魅力和光辉异彩。当代中国的经济腾飞、古代中国的文化瑰宝，都已成了世人热衷研究和深入了解的课题。

作为国家级科技出版单位——中国建筑工业出版社60年来始终以弘扬和传承中华民族优秀的建筑文化，推动和传播中国建筑技术进步与发展，向世界介绍和展示中国从古至今的建设成就为己任，并用行动践行着“弘扬中华文化，增强中华文化国际影响力”的使命。从20世纪80年代开始，中国建筑工业出版社就非常重视与海内外同仁进行建筑文化交流与合作，并策划、组织编撰、出版了一系列反映我中华传统建筑风貌的学术画册和学术著作，并在海内外产生了重大影响。

“中国精致建筑100”是中国建筑工业出版社与台湾锦绣出版事业股份有限公司策划，由中国建筑工业出版社组织国内百余位专家学者和摄影专家不惮繁杂，对遍布全国有历史意义的、有代表性的传统建筑进行认真考察和潜心研究，并按建筑思想、建筑元素、宫殿建筑、礼制建筑、宗教建筑、古城镇、古村落、民居建筑、陵墓建筑、园林建筑、书院与会馆等建筑专题与类别，历经数年系统科学地梳理、编撰而成。本套图书按专题分册，就其历史背景、建筑风格、建筑特征、建筑文化，结合精美图照和线图撰写。全套100册、文约200万字、图照6000余幅。

这套图书内容精练、文字通俗、图文并茂、设计考究，是适合海内外读者轻松阅读、便于携带的专业与文化并蓄的普及性读物。目的是让更多的热爱中华文化的人，更全面地欣赏和认识中国传统建筑特有的丰姿、独特的设计手法、精湛的建造技艺，及其绝妙的细部处理，并为世界建筑界记录下可资回味的建筑文化遗产，为海内外读者打开一扇建筑知识和艺术的大门。

这套图书将以中、英文两种文版推出，可供广大中外古建筑之研究者、爱好者、旅游者阅读和珍藏。

目录

台基

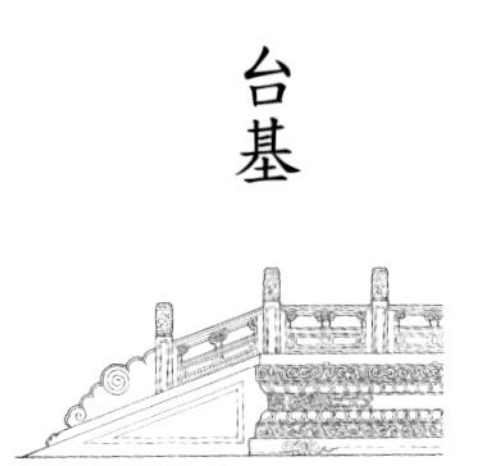

说到中国建筑，大屋顶是令人难忘的，台基也是令人难忘的。

不能小看台基，它是中国木构架建筑的基本要素之一。北宋匠师喻皓在他所撰的《木经》中，把房屋竖分为上、中、下“三分”：“自梁以上为上分，地以上为中分，阶为下分”。这里的“阶”是台基的古称，在“屋有三分”中它占据了一分。

梁思成先生研究中国建筑，对台基给予了特别的关注。在由他主编、刘致平编纂的《建筑设计参考图集》中，把台基列为第一集，把台基的重要附件石栏杆列为第二集。这两集都由他执笔撰写。梁先生盛赞中国建筑的屋顶、屋身和台基“三部分均充分的各呈其美，互相衬托”。他满怀深情地写道：“这三部分不同的材料、功用及结构，联络在同一建筑物中，数千年来，天衣无缝的在布局上，殆始终保持着其间相对的重要性，未曾因一部分特殊的发展而影响到他部，使失去其适当的权衡位置，而减损其机能意义。”（《梁思成文集》二，第224页）

这里，我们沿着梁先生的思路，对中国建筑这个独特的部件，从多向度的视点作一番扼要的展述。

一、台基：木构架建筑的『下分』

为什么台基成了中国建筑的“下分”？为什么把台基摆到这么突出的地位？这要从台基的原始功能和派生功能说起。

图1-1　唐大明宫含元殿外观复原图（傅熹年　绘）
含元殿坐落于龙首岗，利用地形高差，把主殿、双阙、飞廊都建立在由岗壁削成的凹形墩台上。两层殿基连同大墩台组成特大型的三重台基，配上两翼耸立的“三出阙”土台和前方伸出的长长的龙尾道，巨大、高崇的台基组合体大大强化了含元殿恢宏壮阔的气势。

大家知道，中国建筑的主体属木构架体系，以木构架为承重构件。木质构件既怕火也怕水，妥善地解决承重木柱根部的防水避潮问题是发展木构架的前提和关键。在起居方式上，中国的先民最初是席地而坐的，特别需要强调“居必爽垲，以避湿毒之害”。正是在木构的和席坐的双重防水防潮的要求推动下，黄河中下游的华夏先民，利用天然的黄土资源，运用夯土技术，创造了夯实土阶的办法解决了

图1-2 北京四合院

北京四合院住宅通常都采用石料镶边抱角的砖砌台明，配上落落大方的垂带踏跺，整个台基朴素、坚实、宁静、雅洁。

这个问题。这种土阶，不仅为承重木柱提供了坚实的土基，而且通过土的夯实阻止了地下水的毛细蒸发作用，通过阶的提升排除了地面水的浸蚀，有效地保证了工程寿命，也为席坐创造了有利条件。因此，台基一开始就不同于通常意义上的基础，而是有一部分露明到地面之上，发挥着防水避潮的关键作用。正是夯土台基的运用奠定了中国建筑以“筑土构木”为特色的土木相结合的技术体系。古希腊的早期建筑也是木结构的，由于木材易受地中海潮湿空气的浸害而不得不演化为石构体系。中国建筑却能长期延绵不断地维系木构架体系，除了黄土地区半干旱的气候因素外，就是中国人找到了夯土台基的办法，完成了木与土的结合，以土木相结合的技术优势，取得了建筑体系持久的活力。

基于台基的这种原始功能，自然引发出一系列的派生功能：

调适构图　台基露明于地面，理所当然地成为建筑艺术表现的重要的手段，特别是对一些重要的殿堂，台基所起的造型作用更为显著。它为殿屋立面提供了宽舒的、很有分量的基座，避免了“上分”庞大屋顶可能带来的头重脚轻的不平衡构图，大大增强了殿屋造型的稳定感、庄重感。台基的砖石用材也为殿屋造型突出了材质和色彩的对比，汉白玉、青白石包砌的台基被誉为“玉阶”，与红柱、黄瓦相辉映，在蓝天衬托下，色彩分外纯净、强烈。

图1-3 山西祁县乔家大院（王雪林 摄）

窄院两侧厢房台基低矮，而正房台基显著增高。凸起的平台、踏跺，与歇山顶的华丽门楼组合在一起，强调出正房的主体身份。

扩大体量 木构架建筑由于自身结构的限制，单体建筑的屋身间架和屋顶悬挑都不能采用过大的尺度，而台基则有很大的扩展余地。提升台基的高度，放大台基的体量，能够有效地强化殿堂的崇高感、宽阔感。唐大明宫含元殿，利用龙首岗的地形高差，把殿基建立在大墩台上。从遗址可以看出，两层阶基连同大墩台组成特大型的、高10余米的三重台基，台前还伸出三道长长的龙尾道，如此隆重的基座自然大大强化含元殿宏伟壮观的气概。人们熟知的北京紫禁城三大殿和北京天坛祈年殿的三重台基，也都是以放大阶基来壮大建筑的整体形象，以突出其宏大、庄重、崇高的气势。

调度空间 在建筑组群构成中，台基还能起到组织空间、调度空间和突出空间重点的作用。这主要体现在运用月台和多重台基。月台多用于建筑群轴线上的主体建筑和重要门殿的台基前方，成为台基前部的延伸部分，月台上

图1-4 北京天坛祈谷坛
北京天坛祈年殿的三重圆台基，称为祈谷坛。巨大尺度的祈谷坛不仅提高了殿身的标高，扩大了祈年殿整体的形象，也大大浓郁了祈年殿静穆、凝重、圣洁的韵味。

图1-5 山东曲阜孔庙大成殿

大成殿是曲阜孔庙组群中的主殿，采用带有宽大月台的两重台基，是仅次于皇帝专用的三重台基的次高规制。宽舒高崇的台基有效地突出了大成殿的主殿形象。

点缀着陈设小品，为主建筑前方组织了富有表现力的核心空间，密切了建筑与庭院的联系。多重台阶在这方面的作用更为显著，如明长陵祾恩殿、曲阜孔庙大成殿等。

标志等级　台基的重要技术性能和审美功能，使得它很早就被选择作为建筑上的重要等级的标志，对台基的高度制定了明确的等级规定。《礼记·礼器》在提到“以高为贵”时，列出了“天子之堂九尺，诸侯七尺，大夫五尺，士三尺”的台高规制。一直到清代，《大清会典事例》仍然延续着对台基高度的等级限

图1-6 木构架建筑的“三分”示意图
上分：屋顶；中分：屋身；下分：台基

定：“公侯以下，三品以上房屋台基高二尺，四品以下至士民房屋台基高一尺。”这种压低绝大多数房屋台基的做法，自然突出了少数有权用高台基的殿屋的雄姿。台基的高低，直接关联到台阶踏跺的级数，即“阶级”的多少，阶级多者，台基高，门第尊；阶级少者，台基低，门第卑。“阶级”一词后来衍生为表明人的社会身份的专用名词，可见台基的等级标志作用达到何等深刻的程度。

正是台基的这些多方面的重要功能，使得它与“上分”、“中分”一样历久不衰，促使木构架建筑长期维系着“屋有三分”的基本构成和基本特征。

二、从『土阶』起步

土阶的历史可以推得很远，大约距今四五千年，黄河下游的龙山文化已经出现了夯土台基的雏形。山东日照县东海峪遗址发现的九座属于龙山文化层的房屋，全部都是带土台基的建筑。这些土台基土质坚硬，分层明确，已经采用夯筑技术。从夯窝形状可以推测出当时是用手握石块逐层夯打，夯土技术还处在萌芽阶段。这一组原始土阶告诉我们，夯土技术刚刚萌芽就已经用来构筑土阶。而土阶的运用如前所述，是促使中国建筑形成“筑土构木”技术体系的关键之一，其影响是十分深远的。

到华夏跨入文明门槛的夏商之际，土阶更是风头十足，“茅茨土阶”成为当时大型建筑的基本构筑方式。河南偃师二里头一号、二号宫殿遗址，为我们展示了这时期土阶的大略情况。一号宫殿基址呈缺角方形庭院，二号宫殿基址呈长方形庭院，它们都将整个庭院建造在低矮的大夯土台上，然后再在大夯土台上夯筑主殿堂、门屋和廊庑的土阶。这种筑基方式在

图2-1 北京四合院的“满装石座”台基

不仅用阶条石、角柱石，而且台帮也砌上陡板石，多见于王府和高品级的大宅，是平台式台基的一种考究做法。

图2-2 北京北海团城承光殿台基

这是一座四出抱厦的重檐歇山顶小殿，台基较高，采用砖砌台明。台沿和台阶均用黄绿两色琉璃砖砌成花砖扶手墙，琉璃花砖的缤纷色彩与殿身十分协调。

图2-3 山东曲阜孔庙圣时门采用质朴的“砖砌台明”（程里尧 摄）/上图

三孔券门前后各出一组踏跺，形成前后檐“三出陛”的做法。居中的踏跺带有雕工精美的双龙戏珠陛石，是明代石刻中的精品。

图2-4 河南登封少林寺山门台基（谭克 摄）/下图

少林寺位于河南登封少室山五乳峰下，寺前三门并列，当中的山门为三开间单檐歇山顶门殿。突起的高台基和长列的垂带踏跺，为山门增添了轩昂的气势。

奴隶社会前期的大型建筑中可能是通行的做法，陕西凤雏发掘的西周建筑遗址也是如此。后来，随着瓦的发展，茅茨草顶为瓦顶所取代，夯筑量浩大的大夯土台也被淘汰，而夯筑土阶的做法却保持着持久的活力，延续了很长时间。

满堂整铺的土阶基础，早期是像二里头宫殿那样将承重木柱直接插入夯土柱洞，柱洞底部加垫石暗础。这种做法柱基承载力有限，埋柱较深，柱根易腐，木柱用料也耗费了一大截埋入土内。到西周中期的召陈遗址，开始在暗础的底部铺设砾石层，这个砾石层就是早期的“磉”。磉的出现加强了柱位的地基强度，减少了栽柱的埋深，是一个很大的进步。但是为了保持磉的稳定，仍然有赖夯实的土阶。汉唐时期，柱础石已露明到地面，木柱落在柱础之上，完善了木柱脚的防潮。柱础下面用承础石垫托，起磉墩作用。土阶仍继续沿用，到宋《营造法式》所列的“筑基之制”还维系着满堂的夯土，只是增添了隔层的碎砖瓦、碎石渣夯层。一直到后期砖砌磉墩的出现，台基才形成重大的转折。砖磉墩自身有较大的埋深，有较强的承载力，有良好的稳定性，磉墩下部垫以灰土基底，磉墩之间砌以拦土墙。柱网的承重完全可以由磉墩独立承担，拦土墙内只需要回填土而不需要夯土，这才摆脱了对于土阶的依赖，终结了土阶的漫长历史。从这以后，台基已不再是露明的满堂基础，而变成了以砖石为台沿的，用以防护磉墩和提升居住面的平台。

图2-5 北京明长陵祾恩殿台基一角

这组台基与故宫太和殿台基一样，都属于最高规格的三重基座。但祾恩殿台基尺度较小，不如太和殿“三台”那么壮观。

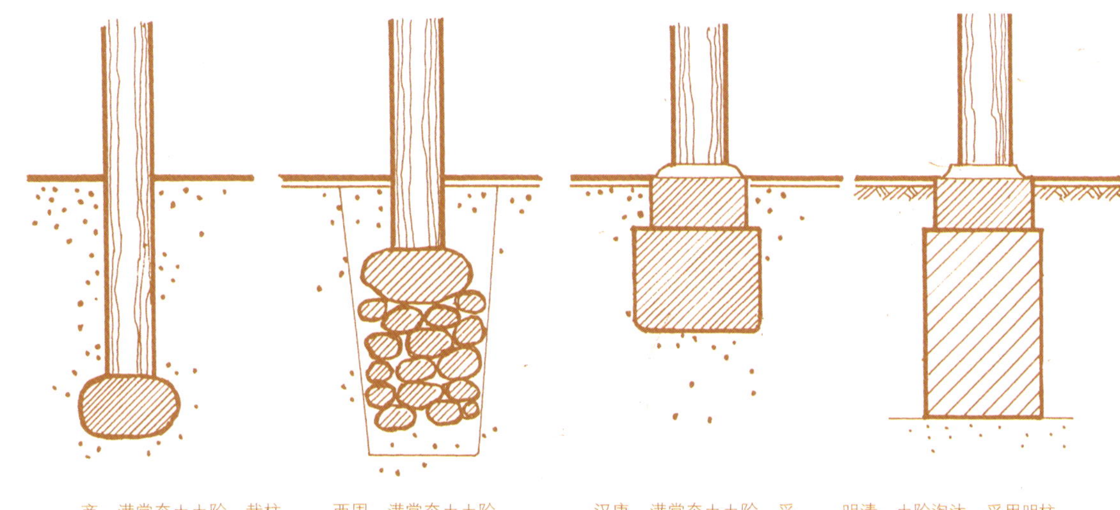

图2-6 柱基演进与土阶变化（示意图）

台基的构成可以分为台明、台阶、栏杆和月台。台明是台基的主体。低矮的台基只需台明即可。台明增高就需要台阶。台明高到需要防护时，则加设栏杆。月台是台基前方伸出的附加平台，只用于重要的殿堂和门座。早期的台明有在土阶之上另设一层架空木地板层（木阶）的迹象，这是适合席地而坐，有利避潮的合理措施。刘敦桢先生在《大壮室笔记》中论及古代宫殿阶陛时提到过这个问题。他说古代宫殿制度，下层为陛，上层为阶。陛可能为石、为砖、为土，可以不拘一格，而上层的阶“当为木构”，因为“苟累土砌石为座，则潮湿依土上升，焉适席坐之用”。他赞同朱桂辛先生对“古代殿阶如今东瀛之状，以木柱为足而虚其下”的说法，并提出“阶制之变迁，与席坐之兴废互为因果”的论断。刘先生的论断

图2-7 北魏宁懋石室石刻
柱础式的基座显示出木阶的迹象。

是很有说服力的。汉画像石和北魏宁懋石室的壁面雕刻确有室内满布床或低地板的形象。四川雅安高颐阙的柱础式基座，也折射出汉代殿屋设有木阶的信息。唐李华在《含元殿赋》中有“环阿阁以周墀”的描述，据傅熹年先生阐释，“墀”就是阶，“阿阁”就是阁道，也就是用木地板架起平座。他根据这段描述，结合含元殿遗址状况，推测含元殿的副阶就是这种在殿陛之上设平座木阶的做法。

这种平座木阶的设置，虽是防潮所需，毕竟增加了一层地板构造，而且木质易腐、易燃，不能耐久，随着席地坐向垂足坐的演变，防潮要求放宽，木质的阶基自然被砖石包砌的平台式台基所取代。这个转变期正如刘敦桢先生所说，是与坐姿的变化同步，“当在六朝、隋、唐之间”。这可以说是台基发展中的另一个重要的转折。

三、豪华型的台基——须弥座

图3-1 南京栖霞寺舍利塔须弥座（赖自力 摄）
上下重叠着千叶莲座和方涩底座，束腰部位刻有八幅释迦八相图。丰富的塔基造型和精美的雕刻工艺使它成为石塔须弥座中的精品。

图3-2 南京栖霞寺舍利塔（赖自力 摄）/对面页
此塔建于五代的南唐时期（937—975年）。塔身下部采用放大阶基和重叠塔座的做法。阶基周边围以轻快的勾片石栏，基座地面刻有海水、鱼虾等精美图案。

在台明的演进中，还有一个触目的现象，就是形成了台基的一种高体制的、豪华的独特形式，称为须弥座。

为什么取“须弥座”这一奇特的名称，原来“须弥”二字是“喜马拉雅”的古代译音，《佛经》中以喜马拉雅山为圣山，为显示佛的尊崇，就将佛像的台座称为须弥座。它随着佛教的传入而进入中国，最初见于佛座，随后用于塔座，再后就用作高等级的殿座。它后来成了显示尊崇的一种符号，除佛座、塔座、殿座外，神龛座、经幢座、坛台座以至棺床座、石狮座、古玩座等，都采用须弥座以显贵。

须弥座的基本形态是带有叠涩层的基座。它的渊源可以追溯到古希腊建筑。雅典卫城的伊瑞克提翁神庙和雅典的音乐纪念亭都有带叠涩线脚的基座，很可能是古希腊建筑文化通过印度、犍陀罗而辗转渗透入中国，须弥座成了中国建筑融合外来建筑文化的最触目标记。

早期的须弥座轮廓比较简单，云冈石窟所显示的北魏塔基须弥座，上下枋线脚都是直线方涩挑出。敦煌壁画中的北魏、隋代塔基也是如此，座身光素无华。进入唐代后，虽然须弥座的各层线脚大多数还是直线方涩，但线脚和束腰上满绘图案，当是以花砖包砌或石材镌刻，形象已较为丰富。从中唐开始，壁画上的须弥座出现枭混莲瓣[①]，这给须弥座带来更加华丽的形象。须弥座的这种华丽化趋势，可以从现存的古建实物上看到，建于五代的南京栖霞山舍利塔在这方面表现得尤为显著。这座八角五层密檐石塔，没有停留于单一的塔基，而是采用了放大阶基和重叠塔座的做法。阶基有意做得很宽大，周边绕以轻快的勾片石勾阑[②]。塔座自上而下，重叠着三重仰莲组成的千叶莲座、多重叠涩与枭混莲瓣组成的须弥座和两层方涩组成的底座。须弥座的束腰部位浮雕着八幅精细的释迦八相图。这座石塔整体挺拔秀丽，遍身密布着精美的雕饰，可以说是

[①] 古建筑中的线脚，呈内凹曲面的称“枭线”，呈外凸曲面的称“混线”。须弥座中带凹凸线的仰莲、覆莲均属枭混莲瓣。

[②] 寻杖栏杆中，华版部位采用曲尺形图样的称为“勾片”栏杆。此式由南北朝开始流行。

图3-3 北京故宫御花园钦安殿石栏杆（程里尧 摄）

此栏杆以刻工精美著称，华版上刻有两条行龙，一条在追逐火焰宝珠，另一条在前回首相戏，须发飘动，鳞爪飞舞，神态活现。栏板衬底的花卉和周边的二方连续花纹也组织得很和谐。

图3–4 北京北海九龙壁须弥座

此壁建于清乾隆中期，壁身四面临空，采用双面雕壁做法。壁座用绿琉璃须弥座，上下枋饰西番莲，上下枭作仰覆莲瓣，束腰雕卷草、莲花，是琉璃须弥座中的一件精品。

一件大型的石雕精品。显然，精致华美的须弥座塔基在这里起着举足轻重的作用。

从宋代到清代，须弥座明显地经历了由宋式定制向清式定制的演变。宋《营造法式》列有“叠砌须弥座”之制，自上而下分成九个水平层，而清代须弥座，据梁思成先生编订的《营造算例》所列，则简化为六个水平层。须弥座的这两种定制，呈现的形象大相径庭，给人的印象迥然异趣。

宋式须弥座的特点是：①分层多，线脚相对纤细、单薄；②整体构图以壸门柱子为主体，上有出檐，下有渐次放大的底座，自身造型主次分明；③雕镌精细，枭混莲瓣尺度细密，壸门、柱子、方涩均有精雕细刻；④整体造型挺拔、秀气，自身权衡古拙可爱；⑤出现一些不合理的、带水平顶面的线脚，易积水，冬季积水入缝结冰，很容易胀裂石缝。

而清式须弥座的特点则恰恰相反：①分层少，各层线脚都很厚重、结实；②整体构图中删除壸门柱子层和单混肚层，束腰与各层分量大体近似，淡化主体，不强调自身造型的主次关系；③雕镌粗壮，纹饰简约，上下枭线的莲瓣粗大肥硕；④整体造型转向敦实、凝重、圆熟、硕壮；⑤消除了不合理线脚，各层均无可积水的水平面，细部处理完善。

为什么在演变中会出现如此鲜明的差异？这里不排斥宋清之间美学口味嬗变的影响，而

a.宋式

b.清式

图3-5 宋式须弥座和清式须弥座（示意图）

图3-6 沈阳清福陵隆恩殿大台基局部（示意图）

须弥座和栏杆均非官方的固定程式，束腰花饰尺度失控，垂带栏杆交接处理不当，抱鼓石部位以石狮顶替，反映出关外地方做法的特点和局限。

主要的却是体现须弥座从宋式的仿木权衡到清式的完善石权衡的演进。这是因为，须弥座原先作为佛座，用的是木材。木的材质很自然地导致须弥座呈现层层重叠的单薄线脚，呈现细巧的雕镌和纹饰。处在室内的佛座也不存在防雨问题，带水平顶面的线脚并无不妥。而殿屋台基仿用须弥座，则处于室外，改为砖作或石作。材质虽然改变，而形成仍然沿袭木须弥座，这就是宋式须弥座所显示的浓厚的仿木特色。这种拘泥于仿木的形象，过于单薄的分层，过于细巧的雕镌，以及容易积水的线脚都不合石质的材性，因此经历数百年的推敲、改进，终于形成清式须弥座的定式，完善了石质的权衡。须弥座的这个现象，典型地反映出材质对于建筑造型的深刻制约，也从一个侧面生动地展示出明清建筑的高度成熟态势。

四、台基与台榭

春秋战国时期盛行一种独特的高台建筑，当时称为“台榭”。这种建筑是把夯土台基极度强化，演变为阶梯形的大夯土台，在台上和阶台四周逐层倚台建屋，形成庞大的、高达数层的巍峨建筑。

台榭建筑的鼎盛是当时列国争霸、群雄竞奢在建筑上的一种反映。各国诸侯通过兼并，财富集中，不惜耗费数年时间，投入大量人力物力，争相筑台。如魏有文台，韩有鸿台，赵有丛台，楚有章华台，齐有路寝台，这些都是历史上著名的台。《晏子春秋》曰：“景公登路寝之台，不能终，而息乎陛，忿然而作色，不悦，曰：‘孰为高台，病人之甚也。’”可见这座路寝台是很高的，齐景公登台受累都生了气。《国语·楚语》曰：“灵王为章华之台，与伍举升焉，曰：台美乎？对曰：臣闻国君服宠以为美，安民以为乐，听德

图4-1 西藏江孜白居寺大菩提塔剖面图
土台的使用延续着高台建筑的文脉。

图4-2 西藏江孜白居寺菩提塔

圆柱形塔身下部重叠着四层十字折角形的基座。塔体内部为实心的多阶台体，各层台体周边辟出佛殿、龛室。塔的独特形制显示出藏式与尼泊尔式的融合，也带有汉族传统的高台构筑形态和明堂式构图的韵味。江孜白居寺是藏传佛教的一座重要寺院。寺中心耸立的菩提塔（藏名贝根曲登塔），建于明永乐十二年（1414年）。基座底层占地达2200平方米，塔身体量之巨大，气势之恢宏，为西藏群塔之冠。

图4-3 河北承德普乐寺的阇城和旭光阁

阇城由两层石砌方台组成，下层台顶四周环布八座琉璃喇嘛塔，上层台顶正中建重檐攒尖顶的旭光阁，整组建筑表现的是密宗羯磨曼荼罗形象。层叠的台座，十字轴对称的方圆构成，显示出明堂式构图的余韵。

以为聪，致远以为明。不闻其以土木之崇高、雕镂为美……今君为此台也，国民罢焉，财用尽焉，年谷败焉，百官烦焉，举国留之，数年乃成，……臣不知其美也。”可见这座章华之台是何等奢华，为建造此台付出了多么大的代价。台榭建筑原本是“榭不过讲军实，台不过望氛祥”的登高瞭望之筑。到春秋、战国时期却汇成一股“高台榭，美宫室，以鸣得意”的建筑热潮。从建筑学的角度来说,此时风行台榭这种独特的建筑形态是很自然的。这是列国贵族需要高大的建筑，而当时木构架的技术水平尚未具备独立架构高大建筑的能力，不得不在台基上做文章，通过变夯土台基为大体量的阶梯形夯土台的办法，用层层倚台而筑的“广（yàn）廊”和耸立台上的主室，聚合成庞大的建筑体量。在当时条件下，应该说是了不起的创意，把中国建筑土木混合结构中的“土”的作用发挥到极致。

图4-4　河南辉县战国墓出土铜鉴上的台榭图像

铜鉴上刻的是一座高三层的台榭建筑。一层中心为夯土台，四周绕以平顶广廊；二、三层为木构主室，周围有回廊环绕，是一座方形盝顶的高台建筑。

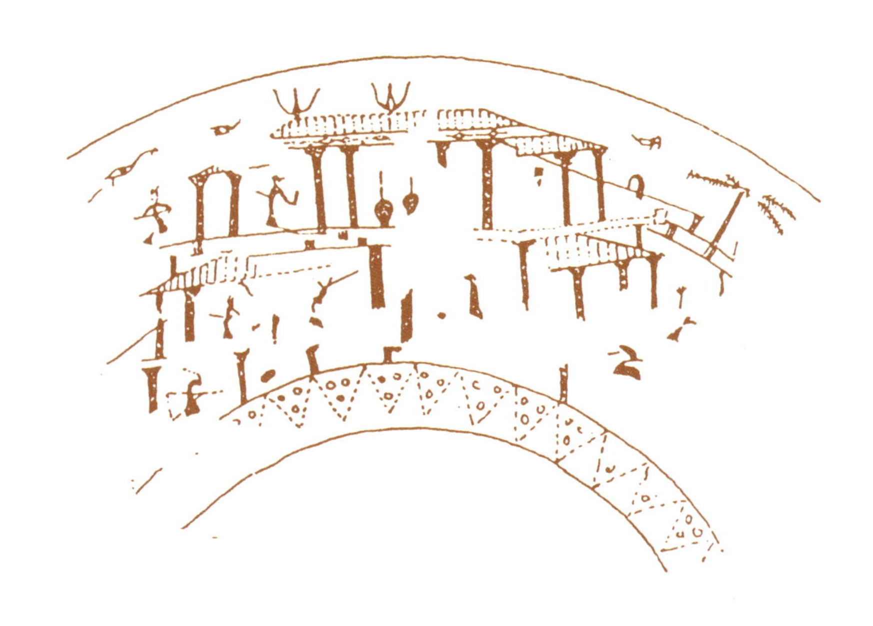

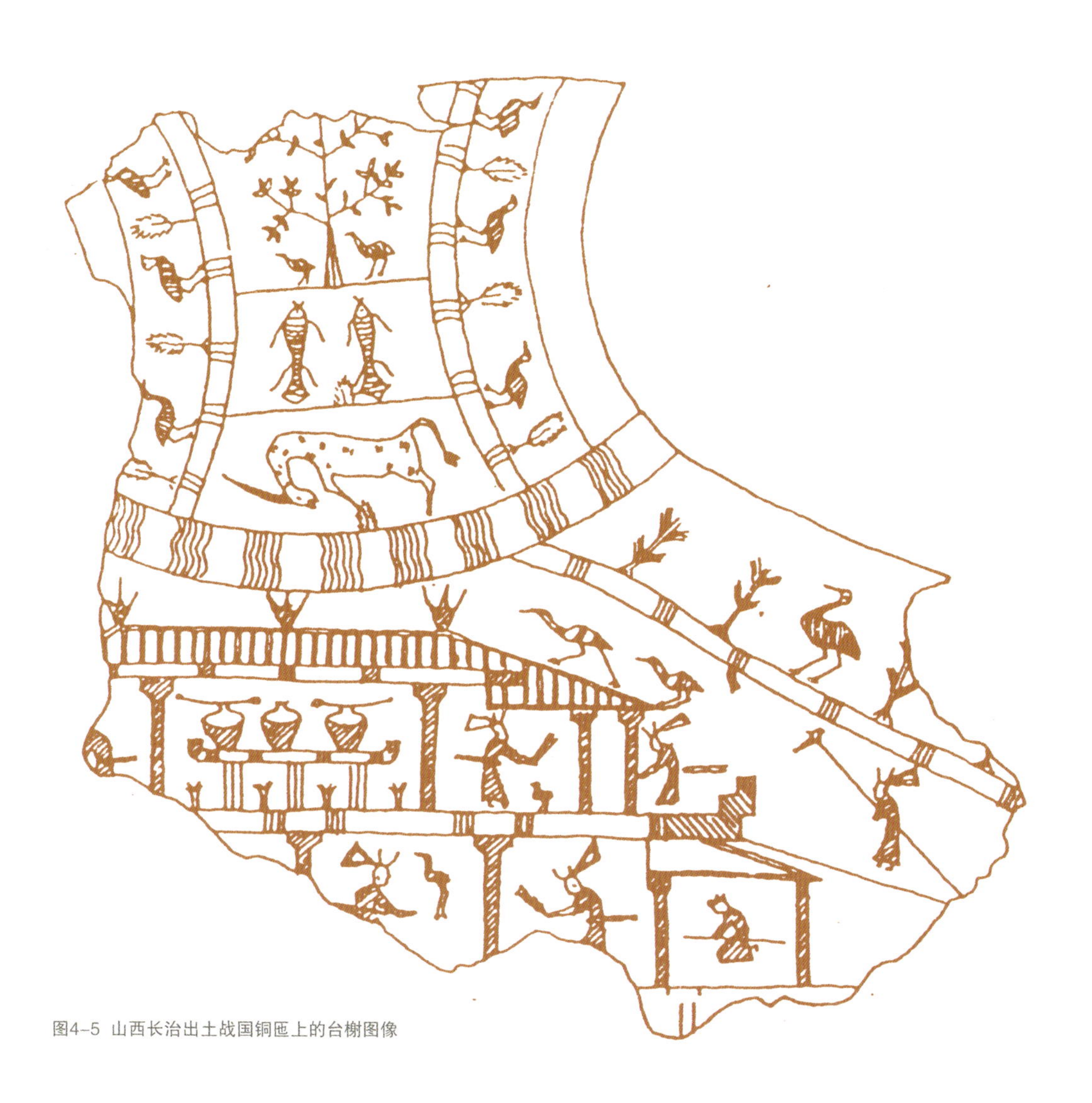

图4-5 山西长治出土战国铜匜上的台榭图像

台榭建筑究竟是什么样的呢？山东临淄县郎家庄出土的春秋时代的漆器残片，画有四室相背的建筑形象，很可能是台榭建筑的示意。战国的几件铜器，如河南辉县出土的铜鉴，山西长治出土的铜匜，上海博物馆收藏的铜桮等也都刻画有台榭的形象。这些画面都显示出台榭的剖面，可以看出台上耸立四坡顶主室，周边逐层环绕单坡广廊的台榭基本面貌。画面上还能见到四周出挑的平座，周围环立的栏杆，两侧登台的磴道，正中矗立的都柱，安置于柱上的栌斗，装点于屋顶上的脊饰，陈列在室内的礼器，以及诸多人物在进行种种活动，生动地表现出台榭建筑的华美风采和热闹场面。

这种盛极一时的台榭建筑，现在还留下一些遗址。晋侯马故城、齐临淄故城、赵邯郸故城、燕下都故城等，都有规模很大的土台群遗存。燕下都在1400多米的轴线上，依次排列着武阳台、望景台、张公台、老姆台，其中武阳台东西约140米，南北约110米，高出地面达11米。赵邯郸的龙台尺度更大，南北长296米，东西宽265米，高达19米。从这些大尺度的残存土台，不难想见当时的台榭建筑达到何等庞大的规模。这类台榭的具体形象，古建筑专家通过两处遗址的复原计划，已为我们展示出大体的轮廓。一处是战国时期的秦咸阳一号宫殿遗址，另一处是西汉长安南郊的礼制建筑遗址。后者就是汉平帝元始四年（公元4年）王莽奏立的明堂。遗址显示出一组庞大的方院，四周围以宫墙、阙门和曲尺形配房，外绕一圈环形水沟，院心升起低矮的圆形夯土台基，台

图4-6 汉长安南郊礼制建筑复原图（王世仁 绘）
两层土台的高台建筑。

基中央突起折角方形的中心土台。据有关专家推测，中心土台上方建有太室，台体上下，双向对称地分布着“四堂”、“四室”、“左个”、“右个”等屋，其外围环水一周，就是所谓“圆如璧，雍以水”的“辟雍”。这个遗址的复原图让我们看到了以高台方式建造的明堂辟雍的基本面貌。

这种台榭建筑虽然高大宏丽，却有两大局限，一是外观体量庞大而内部空间甚少，很不实惠；二是土台夯筑工程量过大，耗费惊人。东汉以后，随着木构楼阁的发展，台榭建筑趋于淘汰。宋画中的黄鹤楼、滕王阁和北京宫苑中的团城，都是在墩台、城台上建造亭阁，已不同于层层倚台建屋的台榭形态。

值得注意的是，高台建筑虽已绝迹，而以高台方式建造的层层重叠的、十字轴对称的明堂式建筑形态，却形成一种文脉，后期建筑中还能见到它的余韵。建于明永乐十二年（1414年）的西藏江孜白居寺大菩提塔（藏名贝根曲登塔）、建于清乾隆三十一年（1766年）的承德普乐寺旭光阁，都显出这样的特点。

五、坛——作为主角的台基

图5-1 北京天坛圜丘
这是举行祭天仪式的场所。坛身由三重圆形台基组成。坛是一种由台基充当主体的建筑形态，充分显示出台基在空间组织和艺术表现上的潜能。

在“屋有三分”的构成中，台基只是建筑物的组成要素，而且是屈居底部的基座，难免充当陪衬的角色。但在特定的场合，台基也能极风光地唱主角。中国古代的“坛”便是由台基担纲主演的。

坛是一种祭祀建筑，它的起源很早。新石器时代就已经出现原始的祭坛，浙江余杭瑶山顶部发掘的良渚文化祭坛遗址，就是三层方形的土筑台。成都羊子山春秋前期的土台遗址，也是三层的方台。用露天的台来作为祭坛，一直是中国古代筑坛的传统。

坛主要用来祭祀自然神祇，有天坛、地坛、日坛、月坛、社稷坛、先农坛、先蚕坛等，以祭天最为隆重。古文献记载，虞、舜、夏禹时已有祭天的典礼。到周代，周王被尊称为“天子”。此后，历代皇帝都是以天帝之子的身份统治人间，祭天就是“王者父事天”的一种仪式，历来都视为礼的头等大事。

图5-2 北京天坛圜丘坛面铺石

作为祭天场所的圜丘坛，不仅以圆形的坛体象征“天圆地方”，而且在层数、径长、栏板、踏跺和坛面铺石的数值上都取奇数或九的倍数，以符合“阳卦奇”的象天之数。图为圜丘坛面的铺石，中心为一圆石，其余各圈铺石数均为递增的九的倍数。

如此隆重的祭祀，为什么不建造大型的祭殿而只在露天的“坛”上进行呢？这是因为祭天必须“烟祀”，古人对此有一套说法。《尔雅·释天》：“祭天曰燔柴，祭地曰瘗埋。”郭璞注：“既祭，积薪烧之，上达于天。”《礼记·祭法》：“燔柴于泰坛，祭天也；瘗埋于泰折，祭地也。”孔颖达注：“天神在上，非燔柴不足以达之；地示在下，非瘗埋不足以达之。”燔柴，就是把奉祀的牺牲、玉帛以至祭文、祷辞都放在柴垛上燃烧，让烟火高高地升腾，用这种办法来“上达于天”。这就是祭天必筑坛露祭的缘由。这样，台基就派上了大用场，居然在极隆重的场合充当了极显要的主体。这也给古代匠师出了一道难题，以台筑坛不仅在使用上要满足盛大的、繁缛的祭天仪典的需要，而且要以台基为主要手段，创造出崇天的独特境界。明清北京天坛的圜丘正是这种以台筑坛的范例。

图5-3 北京天坛圜丘壝墙

圜丘坛身的尺度并不很大，通过方圆两重壝墙的扩展，强化了宏大开阔的气势。红墙蓝顶的壝墙上辟有洁白的棂星门，在它衬托下，圜丘坛显得分外纯净、凝重。

图5-4 北京地坛

亦称方泽坛，是帝王祭祀皇地祇的场所。这也是一组以台基为主体的祭坛建筑。方形的坛体象征“天圆地方”，两重台基符合“阴卦偶”的象征之数。

这组圜丘始建于明嘉靖九年（1530年），清乾隆十四年（1749年）重修扩建。圜丘自身只是三层圆形的台基，外环两重低矮的壝墙。北面建有一组供奉“昊天上帝”神版的皇穹宇，内外壝墙之间设有三重望灯，一座燔柴炉和十二座燎炉。如此简约的设计却取得了十分完美的效果。这里渗透着“天圆地方”的传统意识，以圆形的祭坛、圆形的壝墙、圆形的殿屋、圆形的回音壁，突出“天”的圆形母题。三层圆坛的尺度并不很大，通过两重带棂星门的方圆壝墙的衬托，强化了坛身的核心布局，扩展了坛身的开阔气势，形成了极庄重、极疏朗的格局。这里没有屋身，没有屋顶，辽阔的天穹仿佛成了无边的、天然的顶盖。艾叶青的坛面，汉白玉的石栏，朱红色的壝墙，蓝琉璃瓦的墙顶，配上洁白的棂星门，在蓝天衬托下，显得分外纯净、凝重。这里还充满着“象数”的表征，按《周易》“阳卦奇，阴卦偶”的约定，尽量将建筑数值取阳数以象“天”。祭坛是阳数的三层。各层直径，上层9丈，中层15丈，下层21丈，均为1、3、5、7、9的阳数之积。坛面的铺石，除正中以一块圆石作为中心石外，上、中、下三层各环铺九圈，由内向外，第一圈为9块，第二圈为18块，如此逐圈递增9块，每圈均为阳数之极的“9”的倍数。坛周环立的石栏板也是如此，据《大清会典事例》卷八六四记载，乾隆十四年扩建时，拟定上层栏板72块，中层栏板108块，下层栏板180块，各层均取“9”的倍数，而总数360则为周天之数。实际上现存圜丘的石栏板是上层36块，中层72块，下层108块。各层保持着

图5–5 北京社稷坛

这是皇帝祭祀土地和五谷之神的场所。祭坛呈三层方形土台，坛面上铺着全国各地进贡的五色土壤，按五行方色铺成中黄、东青、南红、西白、北黑，用以象征“普天之下，莫非王土”。

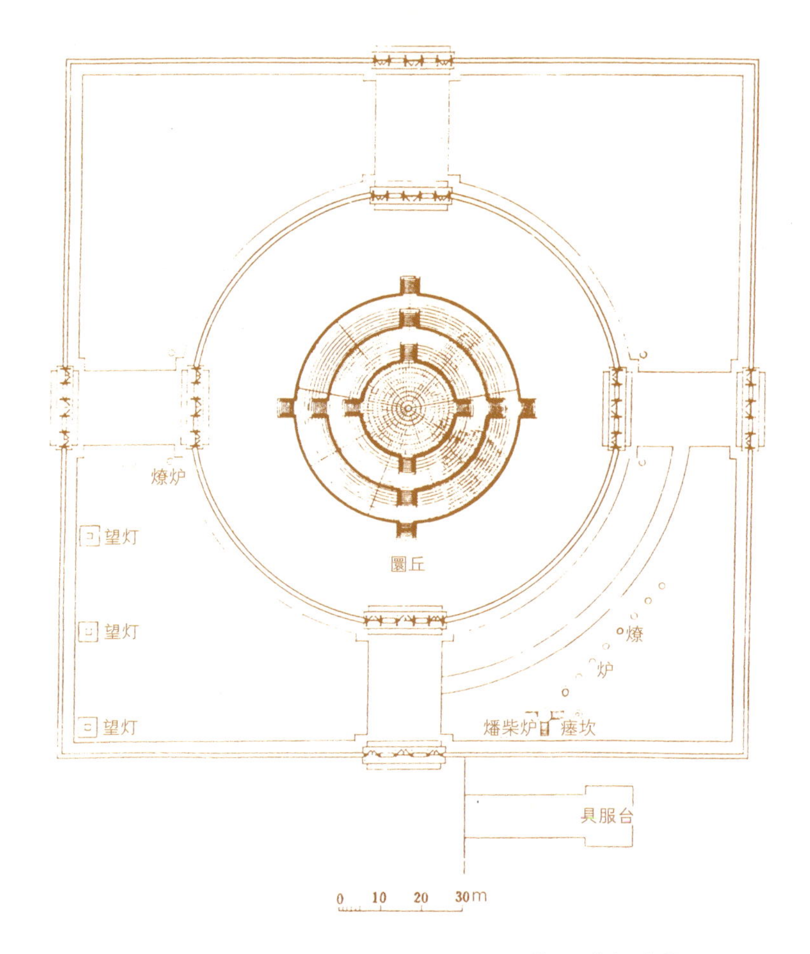

图5-6 北京天坛圜丘平面图

“9”的倍数，总数216并不符合周天之数，这显然是考虑栏板合宜的比例尺度所做的明智调整。圜丘通过这些“数”的象征，取得了精心创意的“天数”含义，又能与形式美的构图合拍，设计手法是十分得体的。当年由天子主持在这里举行祭天仪式时，坛上搭起七组天青色缎子的神幄，从皇穹宇正殿迎出天神、皇祖的神牌，从配殿迎出大明、夜明、星、辰、云、雨、风、雷的神牌，望灯高照，鼓乐齐鸣，燔炉、燎炉香烟缭绕，隆重的场面充分显示出

图5-7 北京天坛圜丘的祭天仪式（示意图）

台基独立构成祭坛建筑。（引自王成用：《天坛》，北京旅游出版社，1987年版）

“天帝”至高无上的神圣，也折射出皇帝家族的显赫威严。如今，人们到这里游览，站在圜丘坛面上，同样会感到分外广阔的天穹，领略到这里的特定的天的崇高、圣洁的境界，自然引发对于蓝天、宇宙、历史和人生的思索、遐想。台基的艺术表现力，在这里可以说是发挥得淋漓尽致。

六、东西阶与御路石

图6-1 天坛祈年殿陛石踏跺
北京天坛祈年殿祈谷坛由三层台基组成，每层各出八组踏跺。图为南向正中的陛石踏跺。上层陛石刻双龙山海纹，中层陛石刻双凤山海纹，下层陛石刻祥云山海纹。

古人讲究礼节，台阶的设置要符合礼的规范。《礼记·曲礼》曰："主人就东阶，客就西阶。客若降等，则就主人之阶。主人固辞，然后客复就西阶。主人与客让登，主人先登，客从之，拾级聚足连步以上。上于东阶，则先右足；上于西阶，则先左足。"这里对主客如何分阶，如何谦让，如何迈足，都做了细密的规定。东阶又称阼阶，在堂前左方，是主人用的，我们至今仍称请客的主人为"东道"或"东道主"，就是缘于此。西阶又称宾阶，在堂前右方，是客人用的。古习以西为尊，让客人登西阶，是对客人的尊敬。古籍还有"左碱右平"的记述。碱是一级级的踏道，平是不分级的坡道。把居右的西阶做成坡道，便于辇车

图6–2 “凤引龙”陛石

河北遵化清东陵普陀峪定东陵（慈禧太后陵）隆恩殿，有一块著名的“凤引龙”陛石，石上雕刻着凤龙在海天云霞间交翔戏珠的图像，画面层次分明，形象生动，刻工精细。但作为陛石而采用高浮雕，显得过于喧闹，细部图案也偏于繁缛。

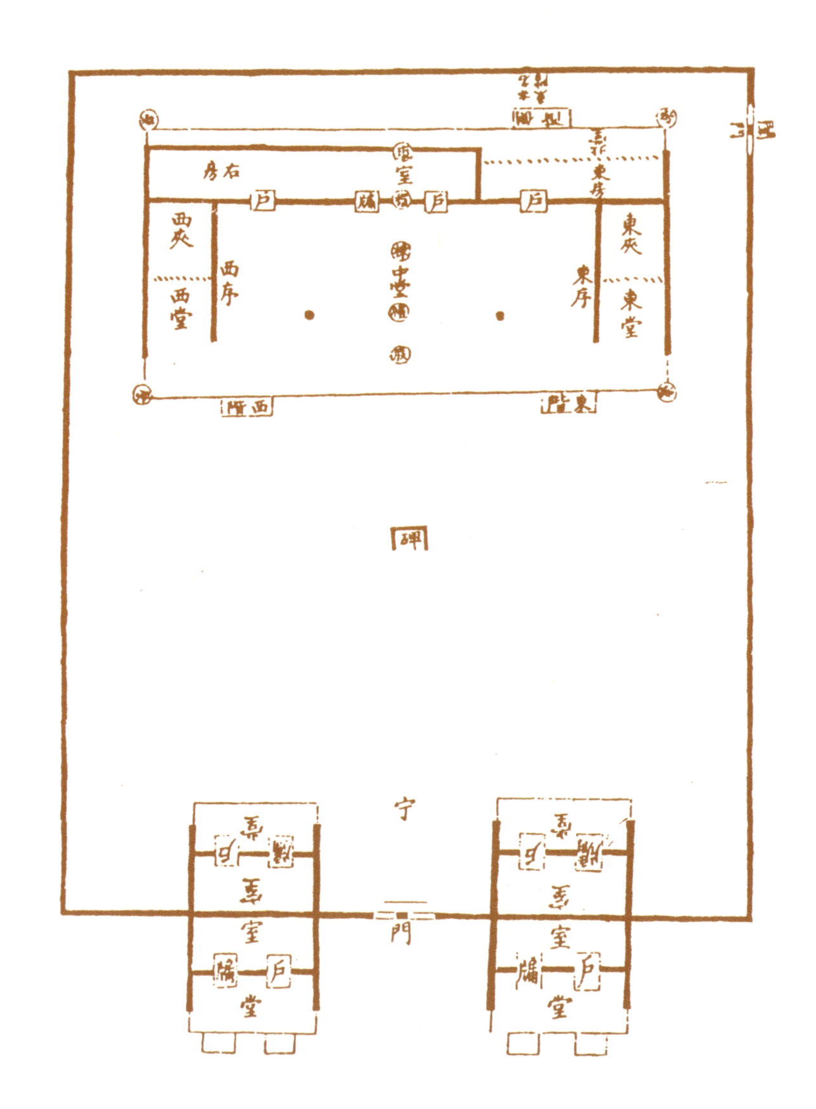

图6-3 ［清］张惠言《仪礼图》中的士大夫住宅图
堂前和门塾前都用东西阶。

图6-4 西安大雁塔门楣石刻显示唐代佛殿的双阶形象。

升降，也是敬客的意思。《仪礼》十七篇中，有许多篇都涉及东西阶的繁缛礼节。宋以来许多学者根据《仪礼》的记载推测春秋时代士大夫的住宅，都判定在堂的前方设有东西两阶。这种两阶制盛行了很长时间。我们从西安大雁塔门楣石刻上，可以看到唐代佛殿的两阶形象。1936年刘敦桢先生到河南北部考察，在济源济渎庙的渊德殿遗址上，见到用砖叠砌的、高峻的台基正面赫然伸出东西两条踏道。刘先生当即意识到这就是经书所述的东阶、西阶，称它是除大雁塔门楣雕刻外，“国内唯一可珍的实证”。渊德殿在北宋开宝六年有过一次大修，这组东西阶很可能是宋初的遗构，表明两阶制的遗风一直到宋初尚未绝迹。

值得注意的是，推行两阶制并不意味着所有的建筑都用双阶。即使在两阶制的盛期，也同时存在着“三阶”、“单阶”的现象。岐山凤雏宗庙建筑遗址中，作为主体建筑的堂，台基正面除阼阶、宾阶外，还设有中阶。《礼记·明堂位》也提到“中阶”的名称。敦煌中唐壁画上同样有三阶并列的清晰形象。单阶的做法在汉代也不少见。我们熟悉的成都羊子山东汉墓出土的庭院画像砖，主院正位有一座三开间的堂，堂前就只设居中的单阶。四川彭州市汉画像砖上的粮仓也是如此。这说明，双阶很可能是达到一定规格的，与礼仪密切相关的殿堂、门塾才设立，而低规格的宅舍可以从简，辅助性的仓房则更无此必要。

东西两阶左右分立，适应了宾主揖让之礼，却带来了建筑艺术表现上的欠缺。庭院式建筑的组群布局，主体院落和主体殿堂都很注

图6–5 单阶

成都羊子山的东汉墓出土的庭院画像砖，主院堂前只设居中的单阶。

图6-6 陛石雕饰
敦煌中唐第231窟壁画中的台阶，已带有雕饰的陛石。

重左右对称，追求中轴突出。两阶的做法，虽然维系着对称的格局，却没有坐中，形成台阶在中轴线上的空白。礼的规范与艺术法则在这里发生了龃龉。这种情况当然需要调适。古代匠师通过靠拢双阶，中间联以陛石的方式，轻而易举地解决了这个难题。这种带陛石的踏跺，既保持着东西双阶的踏道，又把双阶联结成完美的整体，并使之坐中以丰富轴线的构成，可以说是极巧妙的创意。它的早期实物，在河南登封碑楼寺唐开元石塔（建于722年）和少林寺初祖庵（建于1125年）都可以看到。这两处的台阶都是在两阶中间插入窄窄的、未加雕饰的垂带石，严格说是陛石踏跺的雏形。而在敦煌第231窟的中唐壁画中，已可以看到拓宽的、满铺雕饰的陛石，意味着陛石踏跺已达到完备的形态。

用于宫殿台阶的陛石称为御路石。明清皇家系统的重要殿座，都把御路石视为台基的装饰重点，在上面刻饰云龙、云凤、云气、海水、江涯等图案。寺庙建筑常在陛石上雕饰宝相花之类的图像。北京紫禁城太和殿、保和殿的特大型御路石和河北遵化清东陵普陀峪定东陵[1]精雕的“凤引龙”御路石，都给人们留下极深刻的印象。难怪英国研究中国科学技术史的专家李约瑟称誉御路石是“一条满布浮雕的精神上的道路”。从东西阶到御路石，我们看到了中国古典建筑如何在漫长的历史进程中，通过一步步精化达到高度成熟的建筑体系，也看到中国古代匠师在台基的创意中所展示的举重若轻的、令人叹服的大手笔。

[1] 清咸丰帝的两座后陵，均在河北遵化清东陵陵区内，咸丰定陵之东，均称定东陵。其中东太后慈安为普祥峪定东陵，西太后慈禧为普陀峪定东陵。

七、美的剪边——石栏杆创意

栏杆，古称勾阑，常见它环绕在台基的周边。“横木为栏，竖木为杆”，顾名思义栏杆最初当是木质的，由横木和竖木交搭组成。

栏杆的历史十分悠久，距今6900多年的浙江余姚河姆渡遗址，出土的遗物中已有直棂栏杆的构件。在传世的西周青铜器兽足方鬲上，可以看到屋前廊沿两端各有一小段短短的带十字棂格的木栏杆。易县燕下都出土的东周遗物，曾发现陶制的栏板砖，砖面上饰有形象生动的俯首、伏身、翘尾的双兽。到汉代，陶屋明器和画像砖石都留下很多栏杆形象，常见的有直棂、卧棂、斜方格等多种样式。有一幅被称为“函谷关东门图”的画像石，画面上的栏杆已出现横的寻杖、盆唇、地栿和竖的望柱、瘿项、间柱的做法,这种后来一直沿用的寻杖栏杆，似乎在东汉已经成型。到南北朝时期，优雅、疏朗的“勾片”栏板开始流行，云冈石窟和敦煌壁画都留下清晰的勾片形象。见于敦煌

图7-1　南京栖霞寺舍利塔勾片栏杆（赖自力 摄）

建于南唐时期（937—975年）的南京栖霞寺舍利塔，基座周边绕以轻快的勾片栏杆。这组栏杆是依据发掘出的五代原物复原的，是勾片栏杆较早的形象。

图7-2 北京故宫太和门台基

环立的石栏杆和成列的大小螭首，标示出台基的高等级。

图7–3 北京故宫金水桥
太和门庭院内有月牙形的内金水河和跨越河上的五座内金水桥。河岸桥边的白石栏杆与门殿台明、台阶的白石栏杆相辉映，造就庭院内部极富装饰性的剪边美。

壁画的唐代栏杆，仍然是木质的。栏板的形象除卧棂、勾片外，还有满饰花卉的华版做法。这种木栏杆绘有石青、石绿、深朱等色彩，构件节点用金属片包裹，显得十分华丽。画面上有一些转角部位的望柱呈白色，推测可能是局部采用石望柱。大明宫麟德殿遗址有少量石望柱残段和石刻螭首出土，而未见石寻杖、石栏板残迹，也透露出木栏配置石望柱的现象。这种木石的混用意味着台基栏杆由木质向石质的过渡。

宋《营造法式》在“石作制度”中明确地列入石栏杆的做法，制定了重台勾阑和单勾阑的标准定式。这种宋式石勾阑保持着浓厚的木勾阑特点，显现出脱胎于木勾阑的印记。望柱稀疏，寻杖细长，栏板剔透，大小华版雕饰细腻，整个石栏杆照套木栏杆的基本构成，照用大量的榫卯联结，完全是仿木的权衡，造型纤细挺秀，雅拙潇洒，但与石质的材性、构造

图7-4 清式石栏杆中几种定型的望柱头

a.云龙柱头；b.云凤柱头；c.二十四气柱头；d.石榴柱头

不合。这种情况经过长期的演化，到清代勾阑达到了石权衡的完全合拍。清式的特点是把栏杆构件简化为望柱、地栿和栏板三大件。通过增添两条素边的办法，把原先零散的寻杖、瘿项、盆唇、华版联结成整块的栏板，摒除了过多的榫卯，加密望柱的间距，镂空的勾片和雕饰的华版变成了带浅浅浮雕“落盘子”的实板，望柱、寻杖、净瓶都变得肥重。栏杆整体既延续着宋式勾阑的基本脉络，又取得石权衡的完美谐调，只是形象肥硕，匠艺圆熟，相对于宋式勾阑的洒脱，多少显得有些板滞。

从整体来说，长列的、环绕在台基周边的栏杆，如同为台基镶嵌上一条美丽的花边，大大丰富了台基的剪影美。尽管清代官式做法的石栏杆是高度程式化的，栏板、地栿和望柱柱身的形象几乎是千篇一律的标准样式，而望柱柱头却是千变万化的。常见的有云龙柱头、云凤柱头、云气柱头、狮子柱头、石榴柱头、莲花柱头、莲瓣柱头、二十四气柱头等等。云龙柱头和云凤柱头并用时合称龙凤柱头，柱端龙凤出没于叠落的彩云之间，十分庄重、富丽，为帝王宫殿主要建筑所专用。二十四气柱头，顶部刻着二十四道旋纹，象征二十四个节气，下部以莲瓣八达马、连珠、荷叶组成基座，柱头轮廓丰富，形象优美，常用在宫殿和与自然神祇有关的坛庙。莲花柱头、莲瓣柱头可以做成仰莲、覆莲、仰覆莲等多种样式，形式活泼轻快，很适合在园林中使用。这些丰富的望柱头蕴含着多样的文化语义，赋予栏杆不同的等级和性格。这种集中在望柱头上变化花样的做

a.宋式勾阑

b.清式勾阑

图7-5 宋式勾阑与清式勾阑示意图

图7-6 清式勾阑中的抱鼓石示意图

图上的抱鼓石是台阶垂带栏杆的抱鼓石。

法是特别值得称道的，因为望柱头是个末端，可以听任自由地、方便地雕琢；望柱头又是栏杆的最突出部分，柱头的轮廓最能显示剪影的丰美；望柱头的高度又贴近人眼，人们常有机会近距离地细观近赏，的确是台基中进行重点艺术加工的理想部位。

栏杆上还有一个同样值得称道的配件，名曰“抱鼓石”。它处在栏杆的尽端，主要靠它来顶住望柱，以防止端部望柱的倾斜。抱鼓石出现得比较晚，早期栏杆上见不到它。现在见到的史料以金《卢沟桥图》中所示的形象为最早，到明清时期已十分普及。抱鼓石的标准形象是石中雕一圆形的鼓状物，它的名称就是

图7-7　敦煌晚唐第141窟壁画中的台基

木勾阑节点镶有浅色金属片，转角望柱呈白色，可能表示石望柱。

图7-8 清式栏杆抱鼓石数例

（程里尧摄）

a.北京故宫皇极殿石阶抱鼓石；

b.北京故宫宁寿宫月台西侧台阶抱鼓石；

c.北京故宫养性殿石阶抱鼓石。

a

b

c

由此而来。为什么要筛选出这种抱鼓的形象呢？原来抱鼓石绝大多数出现于垂带栏杆的端部，垂带上的地栿是斜地栿，与望柱形成一个钝角。这种钝角的角度随台阶坡度而异，抱鼓石的形象必须适合于不同大小的钝角。中间抱个圆形的鼓，两端采用连续弧形的曲线，可以说是这个角度最佳的适形图式。整个抱鼓石所形成的斜曲轮廓，正适合它作为顶石承受推力的结构逻辑，并为栏杆的长列提供了优美的终结。抱鼓石整体比例从早先的纵长形演变为后来的横长形，也意味着对推力适应的进一步推敲，进一步完善，典型地体现出构件形象与力学逻辑的完美协调。

八、台基匠艺点滴

图8-1 北京故宫保和殿后阶御路石

这是北京故宫中尺度最大的整块巨石，估计重达250吨以上。当时能拽运这么重的石材，实在是令人惊叹的。

台基是石工驰骋的天地。宋《营造法式》和清《工程做法》中，“石作”所涉及的大部分项目都是台基的分件。由于石材具有耐压、耐水、耐潮、耐磨损、耐腐蚀、耐磕碰、不变形的优良性能和优美的材质纹理，特别适合作为台基的用材。台基上的石件，包括用于台明、月台、台阶、勾阑的分件，细目达数十种之多。重要建筑的台基，几乎全部为石件所包砌，号称“满装石座”。石质的台基与木质的梁架、门窗，陶质的砖墙、屋瓦相匹配，形成材质、色彩的良好对比，为中国古典建筑增添了许多韵味。

传统石工很注重台基用石的选材。青砂石质地细软、松脆，易于加工，也易风化，只用于小式建筑的台基。豆渣石质地坚、硬度高，不易风化，但纹理粗糙，不适雕刻，多用作阶条、踏跺和地面石。明清北京的高体制建筑，如宫殿、坛庙、陵墓的主要建筑，则选用青白石、汉白玉等上等石料。青白石色泽青白相间，质地较硬，质感细腻，既耐风化，又可雕镌，是高档台基的理想用材。汉白玉质地柔润，洁白晶莹，形如玉石，用它做栏板、望柱，有“玉石栏杆”的美称。这些石料的运用，经过打造、砸花锤、剁斧、磨光等多道工序，无论是贴面、镶边、抱角，都讲究严丝合缝。带雕刻的石件更有一整套细致的剔凿花活，在各种石雕件上通过圆雕、浮雕、隐刻、线刻等方式，刻出花草、异兽、流云、绶带等

图8-2 北京故宫太和殿前阶御路石
御路石长16.57米，其尺寸比保和殿后阶御路石的还大，因采不到这么大的整块巨石，只好用三块大石拼合。由于拼接缝处理得十分巧妙，长期以来都以为是整石雕凿的。

丰富多样的装饰，充分展示出古代石工技艺的精湛。台基匠艺可称道的事例很多，这里从施工和设计的角度，各述一则：

大石拽运 明代早期宫殿建筑讲究用整石大料。台基上的阶条石要求“长同间广”，殿前甬道的石板也用很大的尺寸。这类大石都重达万斤以至数万斤，需从房山大石窝或门头沟借助滚木、旱船、轮车之类的运具长途拽运。还有一些特大型的石材，如保和殿后阶的一块御路石，长16.57米，宽3.07米，厚1.7米，估计重量在250吨以上，则非常规运石方法所能奏效，它们究竟是怎样被搬运的呢？明工部营缮司郎中贺盛瑞撰写的《两宫鼎建记》中有一段记述：

“三殿中道大石，长三丈，阔一丈，厚五尺，派顺天等八府民夫二万，造旱船拽运……，每里掘一井，以浇旱船资渴饮，计二十八日到京，官民之费总计银十一万两。”古建专家分析，这块重达180吨的中道大石和保和殿那块比它更重的御路石当是在冬季，沿途打井泼水成冰道，使旱船在冰道上滑行而运成的。传说明长陵神道的大体量石象生也是采用这种冰滑的方法。这是以巧智解决了巨石拽运的难题。值得注意的是，那块中道大石用来作太和殿前阶的御路石，尺寸还不足，不得不采用三块石材拼接。匠师们在拼接时为避免暴露接缝，不是简单地直缝对接，而是巧妙地以云纹突起的曲线为拼合缝，使石料之间的接触面，成为高低起伏、凹凸交错的弯曲面，虽是三石拼合，也能严丝合缝地咬合为一体，表面上完全看不出拼接的痕迹。一直到后期石块走闪，显出缝隙，才发现是拼合的。

图8-3 阶级坡度示意图

《木经》所述“阶级有峻、平、慢三等”的示意图。（引自《〈梦溪笔谈〉选注》）

台阶定坡 台基的设计，涉及台阶的合理坡度。《梦溪笔谈》在记述北宋喻皓所撰的《木经》时，引述了《木经》的台阶定坡方法：

“阶级有峻、平、慢三等，宫中则以御辇为法：凡自下而登，前竿垂尽臂，后竿展尽臂，为峻道；前竿平肘，后竿平肩，为慢道；前竿垂手，后竿平肩，为平道。”这段引述很是珍贵。它告诉我们，宋代匠师已明确地将台阶定为三种不同的坡度，每种坡度都考虑到抬轿上阶时，轿身保持平正，轿夫或展臂，或垂臂，或平肘，或平肩，都适合抬轿的操作和施力。这在当时应该说是考虑得很细致、很科学的。宋《营造法式》中关于踏道有“每踏厚五寸，广一尺”的规定。清《工程做法》中关于踏跺石有大式宽一尺至一尺五寸，厚三寸至四寸；小式宽八寸五分至一尺，厚四寸至五寸的规定，这些尺度都与现代踏跺相符，都是适合人登级迈步的合宜步长。现代有一门新学科叫《人体工程学》，研究的就是工程设计如何适应人体的需要。台阶定坡的以御辇为法，踏跺高宽的以步长定分，可以说都已吻合人体工程学的科学要求。

九、台基宏构——紫禁城三台

台基规模之大，气势之雄，当数北京紫禁城外朝三大殿为最。

三大殿初建时称奉天、华盖、谨身。明中叶称皇极、中极、建极。清初改名为太和、中和、保和。它们是宫城的核心，外朝的主体，位于紫禁城的中心地带，坐落在纵贯北京城，长近8公里的中轴线的显要位置。太和殿作为金銮宝殿，是宫廷举行最隆重仪典的场所，中和殿、保和殿是太和殿的配套殿宇，三殿连称，寓意“三朝”，是帝王至尊、皇权至上的建筑象征。这样一组最尊贵、最显赫的建筑，当然需要与之相称的、当之无愧的、能为之增姿添色的台基。

图9-1 北京故宫外朝三大殿的三重须弥座台基
号称“三台”。图为太和殿正面的“三台”形象。宽大高崇的“三台”大大扩展了太和殿整体的宏大体量和雄伟气势。

三大殿的台基成功地、完美地体现了这一点。它采用三殿联做的，平面为工字型，前方带丹陛（月台）的三重须弥座大台基，号称“三台”。为突出宏大的气势，三台选用了罕见的大尺度，南北长227.7米（连踏步达261.5

图9-2 工字形“三台”

北京故宫的“三台”平面呈工字形，把太和、中和、保和三殿联结成有机的整体，更加突出了外朝三大殿的恢宏气概。

米），东西宽130米，台心高8.13米，台缘高7.12米，台基总面积达25000平方米。三层须弥座周边都绕以汉白玉的栏杆，巨大的尺度，丰美的剪影和洁白晶莹的色质，给人留下了极为深刻的印象。

这组壮丽的台基宏构起到了多方面的作用：一是标志三大殿的最高等级，体现三大殿的最高体制。三重须弥座是台基程式的最高规制，只用于天坛祈年殿、太庙正殿、长陵祾恩殿等极少数最高级别的建筑。触目的紫禁城三台，从礼的规范的高度，体现了帝王至尊的建筑规格。二是扩大太和殿的体量，壮大主殿堂的宏伟形象。太和殿为十一开间、重檐庑殿顶的大殿，虽然已是明清时期尺度最大的殿座，殿宽60.01米，殿高26.92米。但相对于宽230余米的广阔庭院空间，仍然显得主体建筑不够分量。三重台基的垫托，把殿身抬高8.13米，

图9-3 清画《光绪大婚图》礼仪场面（程里尧 提供）

左下图为太和殿庭院礼仪场面。殿前凸出的三重月台称为“丹陛”，在重大仪礼场合，只有亲王、郡王、贝勒、贝子和“入八分”的镇国公、辅国公才有资格站在丹陛之上。

a

b

c

d

e

图9-4 北京故宫“三台”上陈设的小品

a.铜鼎；b.铜龟；c.铜鹤；d.日晷；e.嘉量

图9-5 螭首/后页

为排泄台面雨水，北京故宫“三台”设置了1142个大小螭首。晴天在阳光照射下，螭首的投影形成闪动的光影；雨天，大片雨水从龙口喷出，宛若千龙吐水。

把座基拓宽到130米，显著放大了太和殿的巍峨体量，大大突出了太和殿的恢宏气概。三是联结三大殿为有机整体，突出三大殿的总体分量。三大殿顺纵深轴线前后分层，全赖联做的三重须弥座把它们联成一气，严密了三大殿的空间组织。据傅熹年先生分析，这组台基的长宽尺寸还构成九与五的比例关系，是以九五之数隐喻王者之居，更加浓化了三朝的寓意。四是提供殿前的宽阔丹陛，进一步浓郁金銮殿的场所精神。丹陛上下陈列着象征江山一统、社稷永固的镏金铜鼎，象征龟龄鹤算、延年益寿的铜龟、铜鹤，象征天下平准、统一法制的日晷、嘉量。在重大礼仪的场合，只有位居“八分公”[1]以上者，才有资格在丹陛之上立位，

[1] 清制将皇族本支宗室和旁支觉罗分封为十四等，即和硕亲王、世子、多罗郡王、长子、多罗贝勒、固山贝子、奉恩镇国公、奉恩辅国公、不入八分镇国公、不入八分辅国公、镇国将军、辅国将军、奉国将军、奉恩将军。前八个等级统称入八分公。各种封赏、礼仪与后六级有明显等级差别。

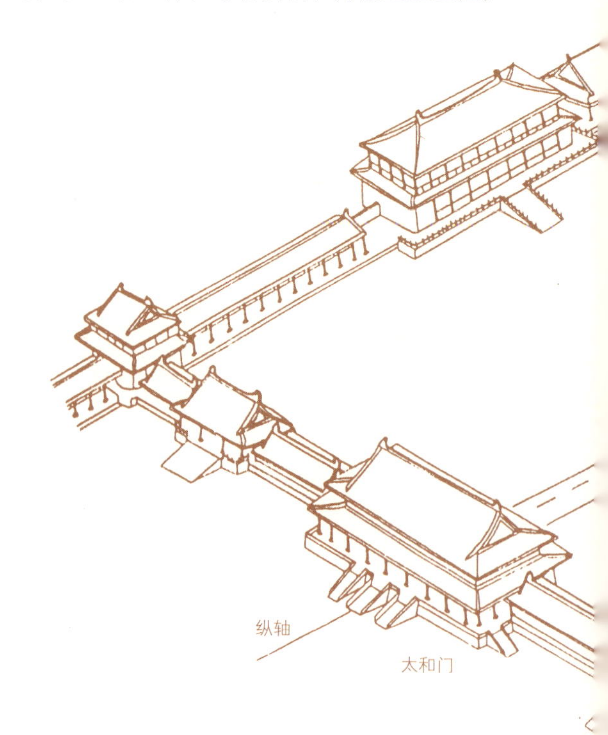

图9-6 北京明清故宫三大殿“三台”鸟瞰图

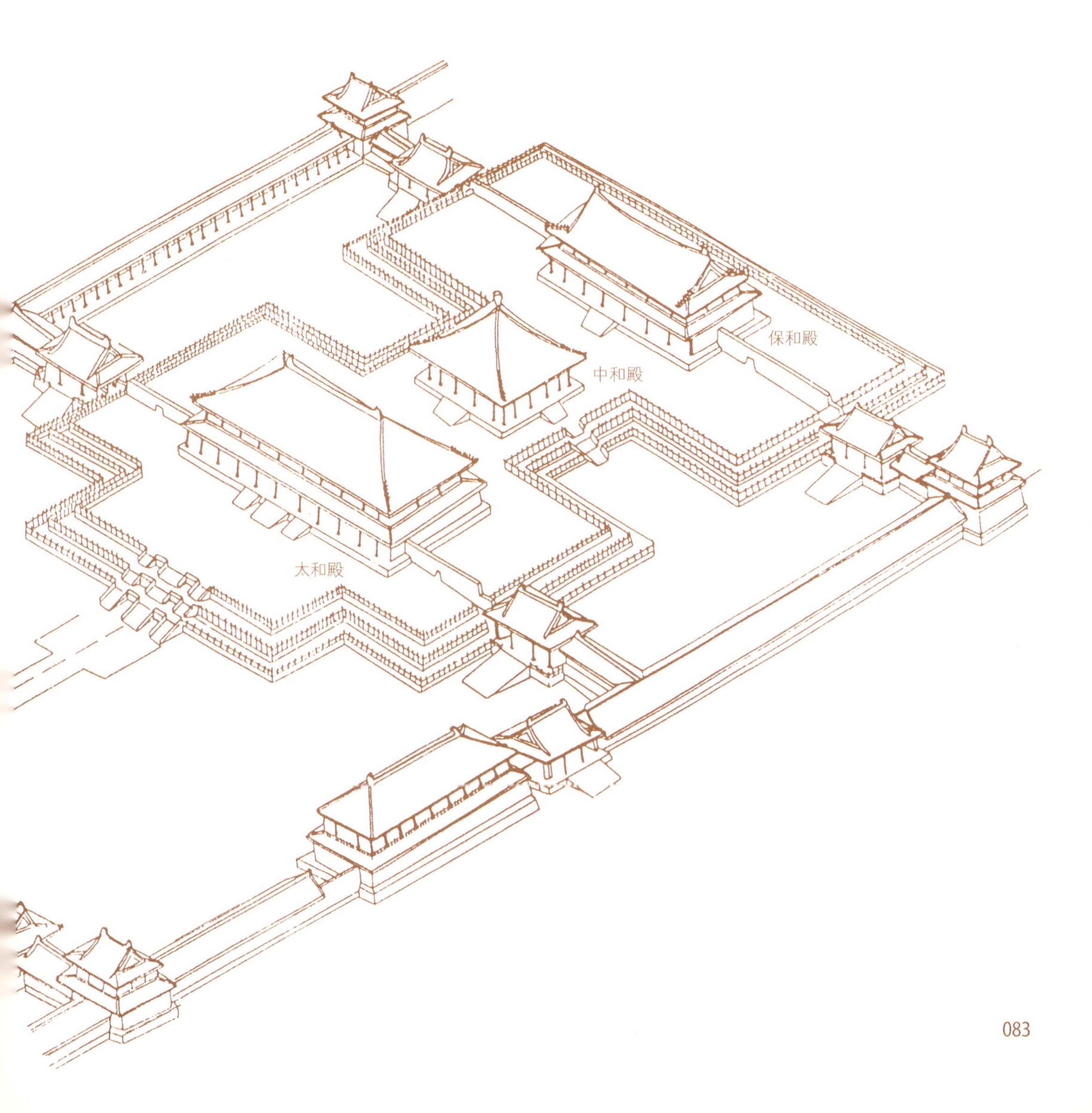
保和殿
中和殿
太和殿

“八分公”以下及文武百官只能在丹陛之下按品级序立。五是丰富三大殿的独特景观，强化三大殿的壮丽形象。三重须弥座大台基周边都环绕着洁白的汉白玉栏杆，整齐地挑出一列列螭首。栏杆望柱达1458根，大小螭首达1142个。台阶上有巨石雕镌的云龙御路石，栏杆上有云龙云凤相间的望柱头。洁白优美的栏杆构成层层叠叠的玉石饰带，把三大殿烘托得更加雍容华贵。就连为排泄台面雨水而设置的泄水孔道，也由于雕镌成龙头形的螭首，而形成了三台的独特景象。晴天，在阳光照射下，千余个螭首的投影点洒在须弥座上，闪动着奇趣的光影画面。雨天，三层台面的大片雨水分别从大小螭首口中喷出，大雨如白练，小雨如冰柱，宛若千龙吐水，蔚为奇观。

十、虚台基

台基是中国建筑的“下分”，但中国建筑的“下分”并非都用台基。我们熟知的干阑建筑，就有很显著的“下分”，而这个“下分”却是架空的，正好与实台基相反，不妨把它视为一种“虚台基”。

干阑的历史十分悠久，距今6900多年的河姆渡建筑文化，用的就是一种木构干阑，它表明虚台基的出现远比实台基还早。干阑的生命力很强，在我国的云南、贵州、四川、湖南、湖北、广西、海南等许多地区，在傣、侗、苗、壮、黎、景颇、布依、佧瓦等十多个少数民族，至今仍盛用不衰。干阑以架空提升居住面为其基本特征，有傣族干阑、景颇干阑、壮族麻阑、黎族船屋、苗族半边楼等诸多形式，有高楼、低楼、重楼和竹构、木构、混构等不同类别。土家族和汉族使用的吊脚楼，也是干阑的一种变体。这种以虚代实的做法，主要是为适应西南地区

图10-1 苏州网师园濯缨水阁
（程里尧 摄）
“下分”架空于水面，呈现典型的“虚台基”形态。

图10-2 云南傣族干阑

居住面架空成了以虚代实的“虚台基”，具有防潮、通风、防洪、泄洪等多重作用，很适应西南地区湿热气候的需要。

图10-3 苏州拙政园东部芙蓉榭（王雪林 摄）/后页

架空于水面的虚台基，使建筑与水体融合得更为贴切。

湿热气候的需要。居住面架空具有防潮、通风、散热的作用，具有防洪、泄洪的功能，也便于燃熏浓烟，驱蚊防瘴。架空的底层空间还可以利用，常用来堆放杂物，藏储柴米，豢养牲畜。在陡岸、急坡、高坎的地段，宅基用地不足，建造地面建筑十分困难，干阑和吊脚楼却可以随坡就坎地布置，占天不占地，既可以争取到架空的居住空间，又不需付出平整基面的代价，是十分灵便、经济的山地构屋方式。

这种临空构架的建筑，显得特别空灵、轻巧。在西双版纳的傣族村寨，一座座架空的竹楼散立在槟榔、棕榈、芭蕉、竹丛之间，极富热带雨林风情。在桂北、黔东南的壮族、苗族山寨，一幢幢麻阑、半边楼依山就势、高低错落，建筑与地形镶合得分外有机。在重庆山城的山岸、陡坡，吊脚楼或鳞次栉比地成排拔起，或随坡顺势地上爬下落，如同演出惊险奇绝的建筑杂技。这种虚台基在江南园林中也派上了用场，一些亲水建筑，如伸入水面的水榭、水亭、水廊、水阁，都把台基架空于水面，使得建筑与水体融合得更为贴切。

图10-4 苏州拙政园三十六鸳鸯馆（程里尧 摄）
建筑临池一面伸入水池，形成大体量厅堂罕见的台基虚化处理。

图10-5 依山顺势的干阑村寨

架空的“虚台基”，最便于适应高低起伏的山坡地势，形成层层叠叠、错落有致的山村景象，把整个干阑村寨有机地融入大自然中。

在强调“屋有三分”的中国建筑体系中，在普遍崇尚台基的建筑文化氛围中，像干阑、吊脚楼这样的民间建筑，能够因地制宜，因势利导地采取以虚代实的变通做法，突破实台基的一统格局，创造种种架空底层的虚化基座，应该说是很可贵的。以小见大，视微知著，我们从这里看到了台基匠艺的理性逻辑，民间建筑的理性传统，中国建筑的理性精神。

清式台基构成简表

台基	台明	制式	平台式	砖砌台明、满装石座
			须弥座	
		组合	单重台明	
			双重台明	
			三重台明	
		分件		阶条石、两山条石、角石、角柱石、陡板石、土衬台、柱顶石、分心石、槛垫石、上枋石、上枭石、束腰石、下枭石、下枋石、圭脚石
	月台	制式	平台式	
			须弥座	
		部位	正座月台	用于殿堂
			包台基月台	用于门座
		组合	单重月台	与单重台明配用
			双重月台	与双重台明配用
			三重月台	与三重台明配用
		分件		滴水石、地面石、阶条石、陡板石、角柱石、角石、土衬石、上枋石、上枭石、束腰石、下枭石、下枋石、圭脚石
	台阶	制式	踏跺	垂带踏跺、如意踏跺、陛石踏跺（御路石踏跺）、云石踏跺
			礓礤	
		部位	单踏跺	位于前后檐的单间踏跺
			连三踏跺	位丁前后檐的三间连做踏跺
			正面踏跺	位于前后檐的三间分做的居中踏跺
			垂手踏跺	位于前后檐的三间分做的两侧踏跺
			抄手踏跺	位于山墙侧的踏跺
		分件		踏跺石、砚窝石、如意石、垂带石、象眼石、礓礤石、陛石（御路石）

台基	栏杆	制式	石栏杆	寻杖栏杆、栏板栏杆、杂式栏杆
			砖栏杆	花墙栏杆、花砖栏杆
		部位	长身栏杆	位于台明、月台周边的栏杆
			垂带栏杆	位于垂带石上的栏杆
		分件	望柱	云龙望柱头、云凤望柱头、叠云望柱头、二十四气望柱头、石榴望柱头、莲瓣望柱头、狮子望柱头、素方望柱头
			栏板	寻杖栏板、罗汉栏板
			地栿	长身地栿、垂带斜地栿
			抱鼓石	素面抱鼓石、雕饰抱鼓石
			螭首	大龙头、小龙头

图书在版编目（CIP）数据

台基／侯幼彬撰文／张振光等摄影．—北京：中国建筑工业出版社，2013.10
（中国精致建筑100）
ISBN 978-7-112-15730-3

Ⅰ．①台… Ⅱ．①侯… ②张… Ⅲ．①古建筑-建筑艺术-中国-图集 Ⅳ．① TU-092.2

中国版本图书馆CIP 数据核字（2013）第189352号

责任编辑：董苏华 张惠珍 李 婧 孙立波
技术编辑：李建云 赵子宽
图片编辑：张振光
美术编辑：赵 清 康 羽
书籍设计：瀚清堂·赵 清 周伟伟 康 羽
责任校对：张慧丽 陈晶晶 关 健
图文统筹：廖晓明 孙 梅 骆毓华
责任印制：郭希增 臧红心
材料统筹：方承艺

中国精致建筑100

台基

侯幼彬 撰文/张振光 等 摄影

中国建筑工业出版社出版、发行（北京西郊百万庄）
各地新华书店、建筑书店经销
南京瀚清堂设计有限公司制版
北京顺诚彩色印刷有限公司印刷

开本：889×710 毫米 1/32 印张：3 插页：1 字数：125 千字
2016年11月第一版 2016年11月第一次印刷
定价：**48.00**元
ISBN 978-7-112-15730-3
（24324）